特殊火力発電所

千葉 幸 著

「d-book」シリーズ

http：//euclid.d-book.co.jp/

電気書院

目　次

1　熱供給発電所
1·1　背圧タービンの利用 ……………………………………………………… 1
1·2　抽気タービンの利用 ……………………………………………………… 2
1·3　温水供給タービン ………………………………………………………… 3

2　廃熱利用発電所
2·1　セメント窯余熱利用発電所 ……………………………………………… 4
2·2　製鉄所の余熱利用発電所 ………………………………………………… 4

3　地熱発電
3·1　地熱エネルギー …………………………………………………………… 5
3·2　地熱発電所 ………………………………………………………………… 6
3·3　地熱発電の経済性 ………………………………………………………… 7
3·4　技術的な進歩 ……………………………………………………………… 7
3·5　地域開発への貢献 ………………………………………………………… 8

4　新エネルギー発電
4·1　太陽電池 …………………………………………………………………… 10
4·2　燃料電池 …………………………………………………………………… 13
4·3　風力発電 …………………………………………………………………… 16
4·4　海洋発電 …………………………………………………………………… 17
4·5　MHD発電 ………………………………………………………………… 18

5　特殊運用火力システム
5·1　コジェネレーションシステム …………………………………………… 21
5·2　ごみ発電 …………………………………………………………………… 23
5·3　電力コンビナート ………………………………………………………… 24

5・4　火力発電プラントの多目的利用 …………………………………… 25

6　ピーク負荷用火力発電所

6・1　ピーク負荷用発電所と設備の特性 …………………………………… 27
6・2　ピーク負荷用火力発電所 …………………………………………… 27

7　中間負荷用火力発電所　　30

8　石炭ガス化発電　　33

演習問題　　36

1　熱供給発電所

　動力（発電を含めて）を必要とするとともに，生産工程に原料の処理・乾燥・蒸発・加熱などのために作業用蒸気を必要とする場合には，動力用と作業用にそれぞれ別個にボイラを設備する代わりに高圧ボイラによって高圧蒸気を発生し，タービンで動力を得てタービンの排気あるいはタービンからの抽気を作業用蒸気として利用すれば，ボイラ効率およびタービン熱効率の向上によって，プラント全体としての熱効率を向上することができる．

熱供給発電　　ふつう熱供給発電は背圧タービンまたは抽気タービンを使用して動力の発生を行い，復水器で失う熱量の全部または一部を工場に利用し，設備の総合熱経済をはかろうとするものである．

1・1　背圧タービンの利用

背圧タービン　　背圧タービンは，排気圧を一定として運転する高圧タービンであるが，その排気は全部作業用蒸気として使用する．しかし蒸気量は工場の需要によってきまり，かつ排気圧を一定とするようにタービン流入蒸気量を調節するため，背圧タービンによって得られた電力は作業用蒸気量に相当するだけに限られる．しかし工場の電力負荷と蒸気負荷の時間および量的必要状態は必ずしも一致しないから，背圧タービンによる電力発生は他の電源と並列するか，あるいは排気を一たん蒸気貯蔵器**蒸気貯蔵器**（steam accumulator）に貯えてこれを調節する．

　背圧タービンの排気圧は数気圧ないし10数気圧（特殊なものは60気圧程度のものもある）におよぶため，タービンにおいて利用できる熱落差は復水タービンに比べて小さい．いま背圧タービンを使って作業用と発電用の両方の蒸気を同一ボイラから供給する場合と，これとは別に両方を各々独立したボイラから供給する場合の経済性について考えてみると，いま Q_b を前者の場合の蒸気発生に要する熱量，Q_a を後者の場合の熱量とし，背圧タービンを用いることによる供給熱量の節約量は $\Delta Q = Q_a - Q_b$ とすれば，節約率 ε はつぎのように定義できる．

節約率

$$\varepsilon = \frac{\Delta Q}{Q_b} \qquad (1\cdot 1)$$

　背圧タービンは一般に初圧が一定であると，背圧を下げるほど，また背圧が一定であると初圧および初温を高めるほど節約率は増大する．この状態を示すと**図1・1**のようになる．しかし初気温度に対してはある値で極大となり，それ以上ではかえって下がる．**図1・2**は背圧タービンを使用する工場作業用蒸気利用発電所の熱勘定

— 1 —

1 熱供給発電所

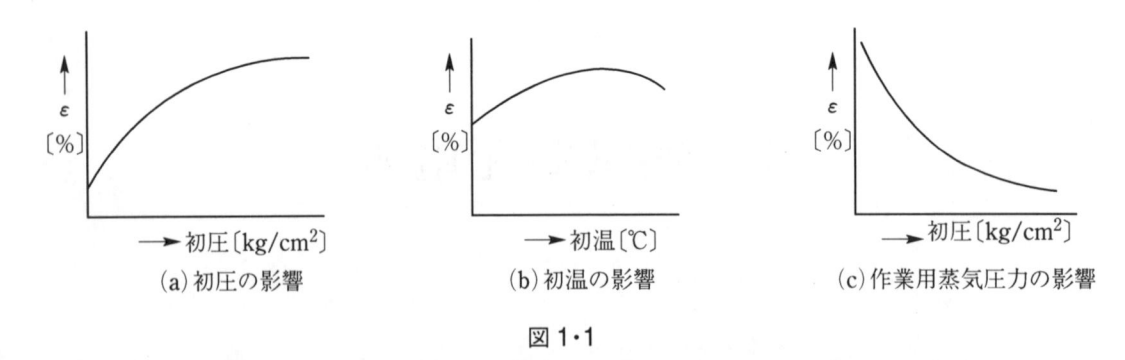

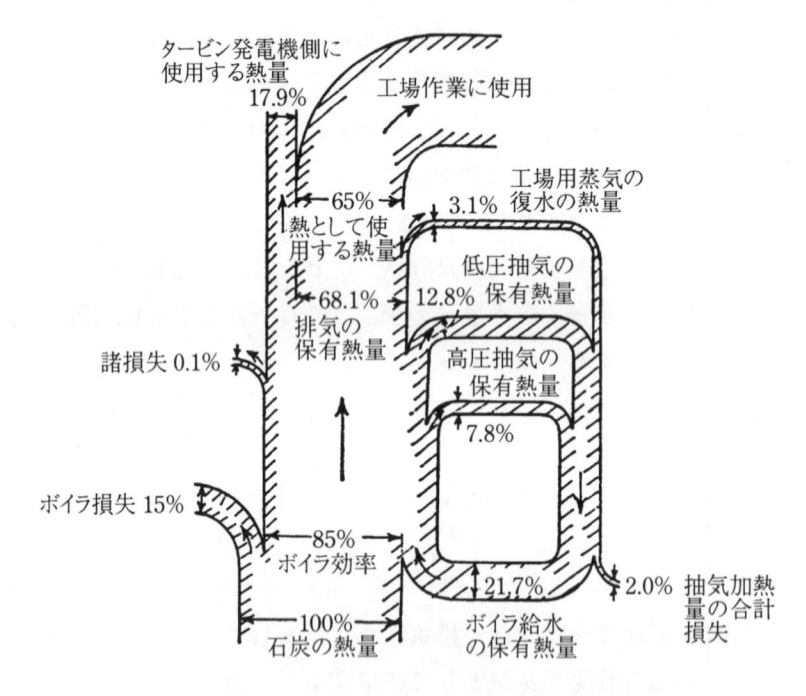

(a) 初圧の影響　(b) 初温の影響　(c) 作業用蒸気圧力の影響

図 1・1

図 1・2　背圧タービンを使用する工場作業用蒸気利用発電所熱勘定図の一例

図の一例を示す．

1・2　抽気タービンの利用

抽気タービン　　抽気タービンは作業用蒸気をタービンの中間段から抽出するものの総称であるが，作業用蒸気の所要量が発電用蒸気の量よりも少なく，かつ使用量が変化する場合は抽気タービンを用いる．抽気は1箇所でなく必要に応じて2箇所以上でそれぞれ異なった圧力の蒸気を抽出する．

抽気タービンは大別して抽気復水式と抽気背圧式となる．後者の場合の経済性は1・1に述べたのと同様であるが，前者の経済性は後者の経済性よりも劣るが，その割合は復水器内で放棄される熱量の多少によって相違する．図1・3はこの種のプラントの熱平衡線図の一例を示す．

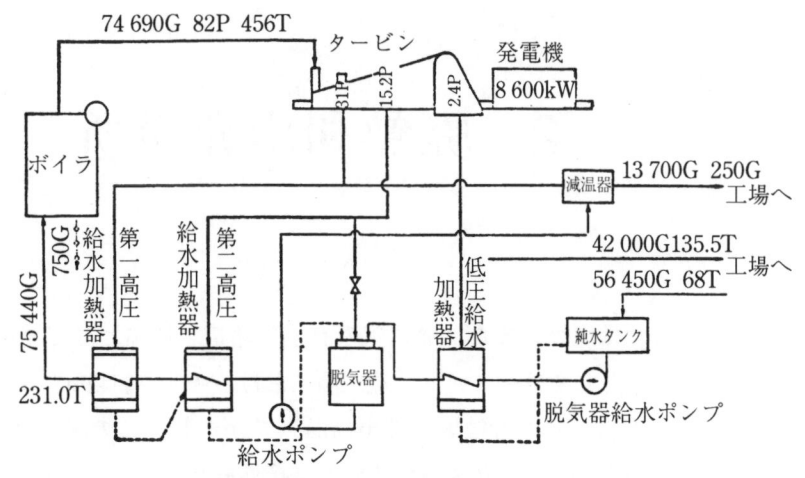

(a) 抽気背圧タービンプラント熱平衡線図(純水装置使用の場合)

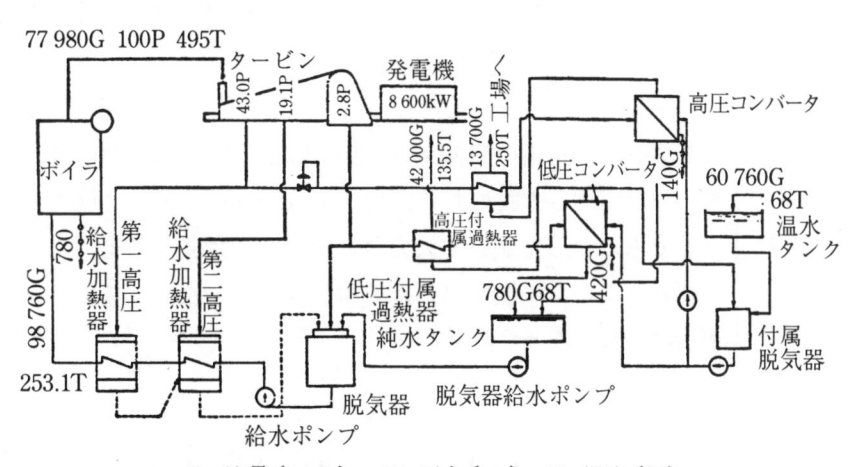

(b) 抽気背圧タービンプラント熱平衡線図(コンバータ使用の場合)

図 1・3

1・3 温水供給タービン

　作業用に温水を必要とする場合には復水器の冷却水を利用すればよい．冷却水には普通海水を使う場合が多いが，これを温水として使用する場合には淡水とし，水質は作業に適するものとする．また復水器は一般に使われる表面復水器よりも噴射復水器を用いた方がよい．

2 廃熱利用発電所

これは廃ガスまたは廃蒸気の有する熱量を熱源として発電するものである．この廃ガスとしてはセメント製造工場におけるキルン（kiln）または製鋼所，製銅所，ガラス工場などの溶融炉の排出高温ガスがあり，この場合はその熱量を利用するが，溶鉱炉ガス，コークス炉ガスでは直接燃料として使用する．

廃蒸気利用としては不凝往復機関の排気の利用がある．

2・1 セメント窯余熱利用発電所

回転窯　セメント製造用の回転窯（rotary kiln）から出る500～700℃の廃ガスをボイラに導いて発電する方式であり，12～15 kg/cm^2，200～300℃程度の蒸気を発生することができる．したがって火力発電所としては効率の低いものであるが，別に燃料を必要としないため発電原価は非常に安い．したがってセメント工場ではこの発電所が設けられることが多い．

2・2 製鉄所の余熱利用発電所

コークス炉ガス　製鉄所の溶鉱炉またはコークス炉から発生するガスの主成分はCOであって，発熱量は約 850 kcal/m^3，またコークス炉ガスの主成分はH_2とCH_4で発熱量は約 4500 kcal/m^{3}でありこれを混合して使う．この発電所はセメント窯余熱利用発電所より熱効率が高く気温，気圧も高いので大規模発電所とされる場合も多い．

3 地熱発電

3・1 地熱エネルギー

　地球の内部は図3・1に示すように，地核，マントル，地殻から成立っていて，マントルの部分と接した地底では，温度は数100℃から1000℃にもなる．

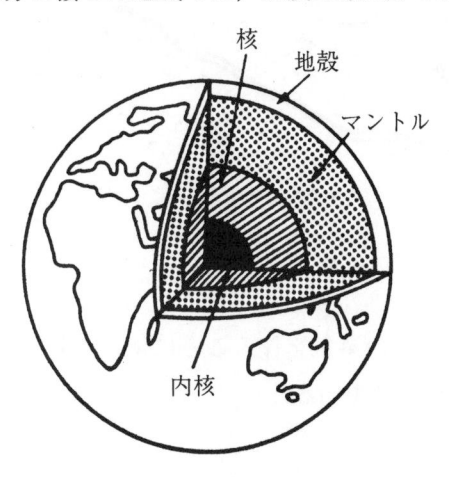

図3・1　地球の断面図

地熱エネルギー　　　地熱エネルギーとは，この地球内部で生成・蓄積されているすべてのエネルギーであるが，われわれがエネルギーとして利用できる地熱資源は，一番外側の地殻のごく一部，具体的には，地下数1000m程度の所までに賦存している高温の熱水と蒸気である．

　地熱エネルギーは，地球内部に存在する放射性元素の崩壊熱がその源である．地球内部の三つの部分のうち，放射性物質は地殻やマントル上部に集中して存在しているため，上部マントルの温度が高く，ところによっては岩石の溶融点以上に達し，

マグマ　　マグマと呼ばれる岩石が溶けた状態になっている．このマグマの一部が上昇し，地表から数kmの地殻内部にマグマ溜りを作ると考えられている．

マグマ溜り　　図3・2に示すように，マグマ溜りが比較的地表に接近している火山地域で，マグマ溜りの上部に地表より浸透してきた雨水を溜めるような地下構造が存在する場合，地下に溜った雨水にマグマ溜りからの熱が伝わり，あるいはマグマ溜りから分離した高温のガス・水蒸気によって加熱され，高温の熱水あるいは蒸気が生成される．

地熱貯留層　　これが地熱貯留層である．

地熱発電　　現在の地熱発電はこの貯留層に向けて抗井を掘り，地表に高温・高圧の蒸気および熱水を取出して発電に使っている．

　こうした貯留層が形成されない火山地域においても，地表から，人工的に水を注入し高温の蒸気として取出す研究や，地下数1000mにある高温の岩体に，地上

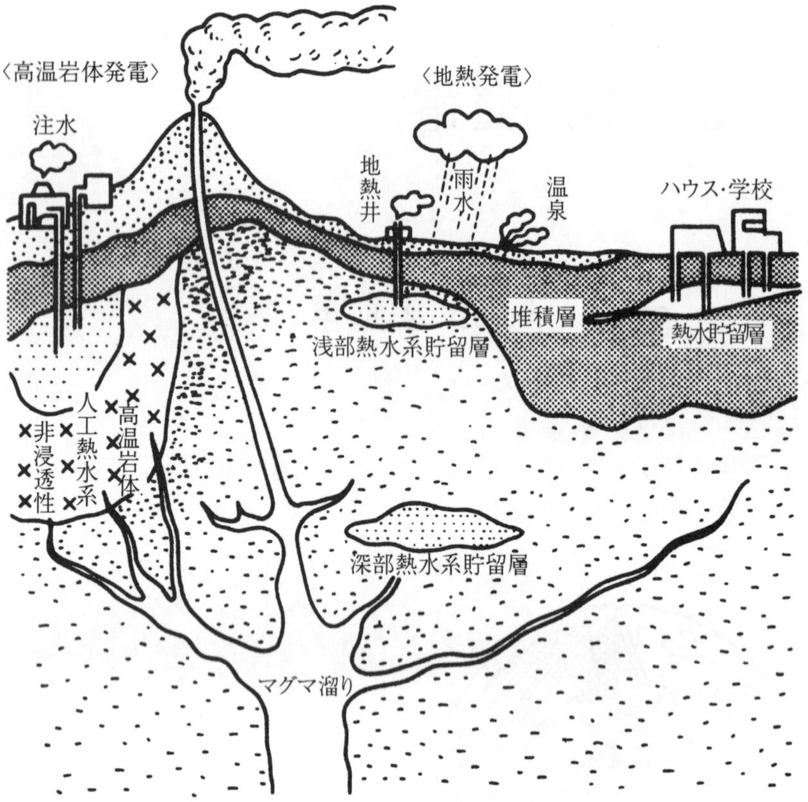

図3・2　地熱エネルギー

高温岩体発電システム　から水を注入し，人工の蒸気を作ることによって発電などに利用する高温岩体発電システムの研究が行われている．

3・2　地熱発電所

地熱発電所　現在実用化されている地熱発電所は，いずれも地下2 000 m程度までの浅い地熱源の蒸気を利用した地熱発電である．

地熱発電（natural steam power generation）の方式としては，噴井から採取される天然蒸気をそのまま，あるいは若干精製処理を加えた後，蒸気原動機に直接作用させる方法と，天然蒸気を熱源とし熱交換器によって水または塩化エチルのようなものを蒸発させ，その純粋蒸気によって原動機を動かす方法とがある．図3・3は前者の概要で，利用地点の噴井aから噴出する天然蒸気は過熱器bを通り蒸発器cに送られる．作業流体は蒸発器内で加熱され蒸気を発生し，蒸気は過熱器を通りタービンdに送られる．タービンの排気は復水器eで凝結される．

（天然蒸気）（作業流体）

地熱発電に関して問題となる点は，豊富な地熱の存在と，これを安定した状態で大量に採取すべきさく井技術にかかっている．また天然蒸気の中に含まれる不純物のいかんによって適当な対策をとる必要がある．また利用できる蒸気の初気温度・初気圧が低い場合には利用熱落差を増そうとすれば大きい復水器と多量の冷水を必要とする．

3・4 技術的な進歩

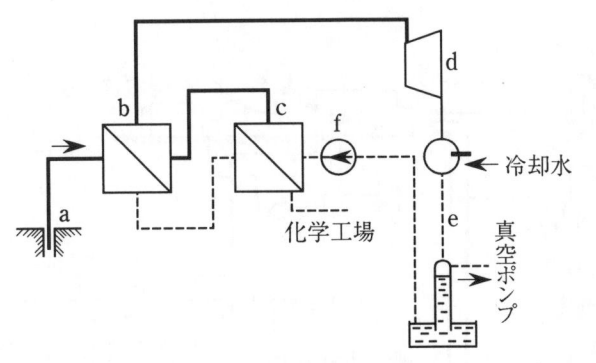

図3・3 地熱発電線図

3・3 地熱発電の経済性

　地熱発電では，燃料費が不要であるが，地熱探査や蒸気井の掘削など初期投資が大きく，発電コストの中で建設費の占める割合が非常に大きい．したがって地熱の経済性を高めるには，探査技術の進歩と大容量化，高能率化をはかることが肝要である．この発電は立地条件によってはローカルな電源として活用できるので，送電損失が少なくなり，また副産物としての熱水の有効利用ができれば経済性は高まることになる．

3・4 技術的な進歩

(1) 地熱の探査
　探査技術の進歩は，地熱開発の期間の短縮や開発規模の拡大につながるものである．探査方法としては，地質学的な調査，物理的方法による探査およびテストボーリングが行われている．

(2) 掘削技術
蒸気井　現在，蒸気井を掘削する場合，ドリルの中に水を流し込むマッド掘り（泥水掘り）が行われているが，水の代わりに圧縮空気を用いたエアドリルによる方法が検討されており，掘進速度の向上が期待されている．

(3) 熱サイクルの改善
熱サイクル　地熱発電の熱サイクルとしては，坑井からの蒸気が過熱蒸気であるか，汽水混合蒸気であるかにより色々な発電方式がある．汽水混合蒸気の場合，セパレータで蒸気と熱水を分離し，蒸気のみを発電に使用している．
　最近では還元井によって再び地下にもどしてやり，永続的な熱水循環を保たせる方法も採用されている．

(4) 制御方式
　各種の技術的な改善と併行して，自動化，省力化が検討されている．地熱発電所は水力発電所のように人里離れた場所に建設されることが多く，また火力に比べれ

-7-

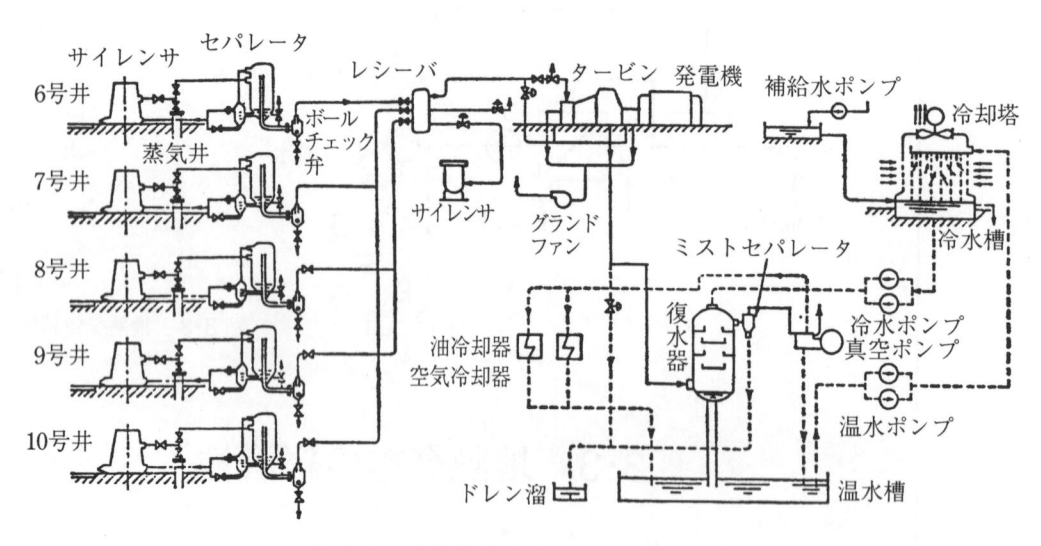

図3・4　地熱発電所プラント系統図の例

ば発電方式も単純であるため，無人化ないしは遠隔監視制御が採用される．
　図3・4は地熱発電所の系統図の例を示す．

3・5　地域開発への貢献

地域開発　　わが国の有力な地熱地帯は山間へき地の未開発地域に多い．したがって地域開発を進めることは，これら過疎地帯に産業を起し，生活環境を改善するのに有効である．すなわち地熱発電の副産物として生ずる熱水を使って保養所，プール，レクリエーションセンタなどを設置したり，温室栽培，養鶏，養魚の熱源として使用したり，さらには一般家庭への給湯，道路の融雪，地域暖房などに利用が可能で，地域開発への貢献が大きいと考えられる．
　表3・1は近年度に運開したわが国の地熱発電所の一覧を示す．また図3・5は地熱発電所の例を示す．

図3・5　地熱発電所の例

3・5　地域開発への貢献

表3・1　近年度におけるわが国の地熱発電所

平成2年～8年：9地点　31万2 605 kW

九州電力(株)	八丁原2号	大分県九重町	55 000kW	2年 6月
廣瀬商事(株)	岳の湯	熊本県小国町	105kW	3年10月
秋田地熱エネルギー(株) 東北電力(株)	上の岱	秋田県湯沢市	27 500kW	6年 3月
三菱マテリアル(株) 東北電力(株)	澄　川	秋田県鹿角市	50 000kW	7年 3月
九州地熱(株) 九州電力(株)	山　川	鹿児島県山川町	30 000kW	7年 3月
奥会津地熱(株) 東北電力(株)	柳津西山	福島県柳津町	65 000kW	7年 5月
東北地熱エネルギー(株) 東北電力(株)	葛根田2号	岩手県雫石町	30 000kW	8年 3月
日鉄鹿児島地熱(株) 九州電力(株)	大　霧	鹿児島県牧園町	30 000kW	8年 3月
出光大分地熱(株) 九州電力(株)	滝　上	大分県九重町	25 000kW	8年11月

平成9年～12年：2地点　2万3 000 kW

東京電力(株)	八丈島	東京都八丈町	3 000kW	9年12月
電源開発(株)	小　国	熊本県小国町 大分県九重町	20 000kW	12年度

4 新エネルギー発電

4・1 太陽電池

太陽光発電　太陽エネルギーは半永久的に存在するエネルギー源であり，このエネルギーを利用した太陽光発電は，発電に伴って環境に悪影響を与えるNOxやSOx，および地球温暖化をもたらすCO_2を排出しない多くの優れた特性を有するエネルギー源として期待されているものである．

しかし高価格，出力の不安定性や稼働率の低さなどの要因によって，未だ既存電源と対等に競争できるところまでにはいたっていないが，独自の良さを発揮して発展することが予想される．

太陽電池　**(1) 太陽電池の原理**

太陽電池は，今までの発電方式とまったく異なった発電方式であり，太陽電池の発電原理は，半導体に光が入射したときに起る光電効果を利用したものである．

光電効果
光子　図4・1に示すように，半導体に適当なエネルギーをもった光（光子）が入射すると，光と半導体を構成する電子の相互作用が起り，電子と正孔が発生する．

半導体中にpn接合があると，電子はn型半導体に，正孔はp型半導体に移動し両電極部に集まる．つまりn型半導体はマイナスにp型半導体はプラスに帯電され，この両電極を結線すると電流が流れ，電力が取出せる．

太陽光が当たるかぎり，その光エネルギーは電気エネルギーへと変換され続ける．これが，太陽電池による太陽光発電の基本的な原理である．

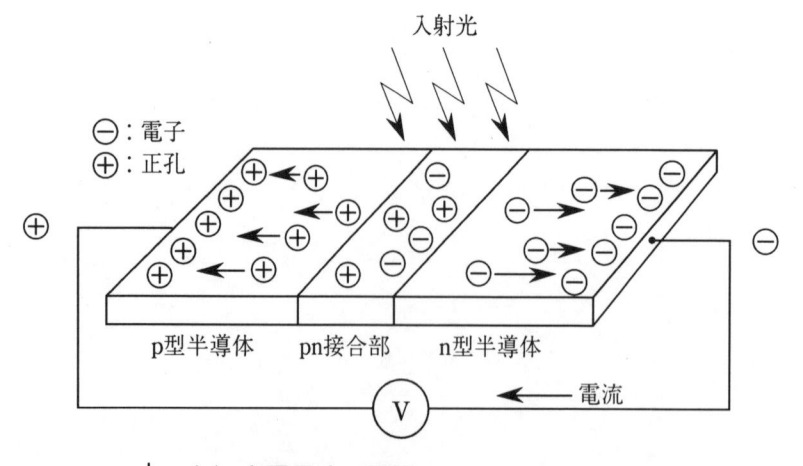

図4・1　太陽電池の原理

(2) 太陽電池の種類

シリコン　使用している半導体によって分類すると図4・2のようになる．シリコンは地球上で酸素に次いで2番目に多い元素であるが，これには原子やイオンが周期的に規則正

4・1 太陽電池

しく並んでいる単結晶太陽電池や，多結晶で原子やイオンが周期的に正しく並んでいないアモルファス系に分けられる．

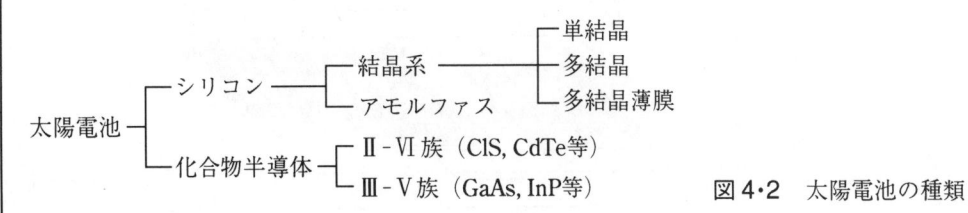

```
                    ┌─ 結晶系 ─┬─ 単結晶
         ┌─ シリコン ─┤         ├─ 多結晶
太陽電池 ─┤          └─ アモルファス └─ 多結晶薄膜
         └─ 化合物半導体 ┬─ Ⅱ-Ⅵ族（CIS, CdTe等）
                        └─ Ⅲ-Ⅴ族（GaAs, InP等）
```

図4・2 太陽電池の種類

化合物系は2種以上の元素によって生じた半導体で，CdTe（カドミウム・テルル）やGaAs（ガリウムひ素），InP（インジウムリン）などがある．

これらのうち，どれを選ぶかは表4・1の特徴を見て基準にすればよい．

表4・1 太陽電池の特徴

分類		特徴		
		効率	信頼性	コスト
シリコン	結晶系	○	○	○
	アモルファス	△	△	◎
化合物半導体	Ⅱ-Ⅳ	△	○	○
	Ⅲ-Ⅴ	◎	◎	×

◎：優れている　○：良い　△：やや悪い　×：悪い

(3) 太陽電池の特徴

(i) 長所

(a) 無尽蔵でクリーンなエネルギー源
(b) システムが簡単で回転部もなく保守が容易
(c) 発電規模が自由に選択できる
(d) 必要な場所での発電が可能
(e) 発電効率は規模の大小にかかわらずほぼ一定
(f) 土地の多重利用が可能

(ii) 短所

(a) エネルギー密度が薄い
(b) 出力が気象条件に依存
(c) 夜間発電ができない
(d) 出力が直流

(4) 発電システムの構成

図4・3は個人住宅に採用された太陽光発電システムの例を示す．このシステムを構成しているものは次のとおりである．

(1) 太陽電池モジュール　太陽電池の最小単位を「セル」というが，これを多数組合わせたものが「モジュール」である．

(2) インバータ　一般的に家庭で使用される電力は交流の電力を使用しているが，太陽電池により発電した電力は直流の電力であるため交流に変換する必要がある．この役目を果たすのがインバータである．

また，インバータには，日射条件により発電量の変動に対応すべく，太陽電池の

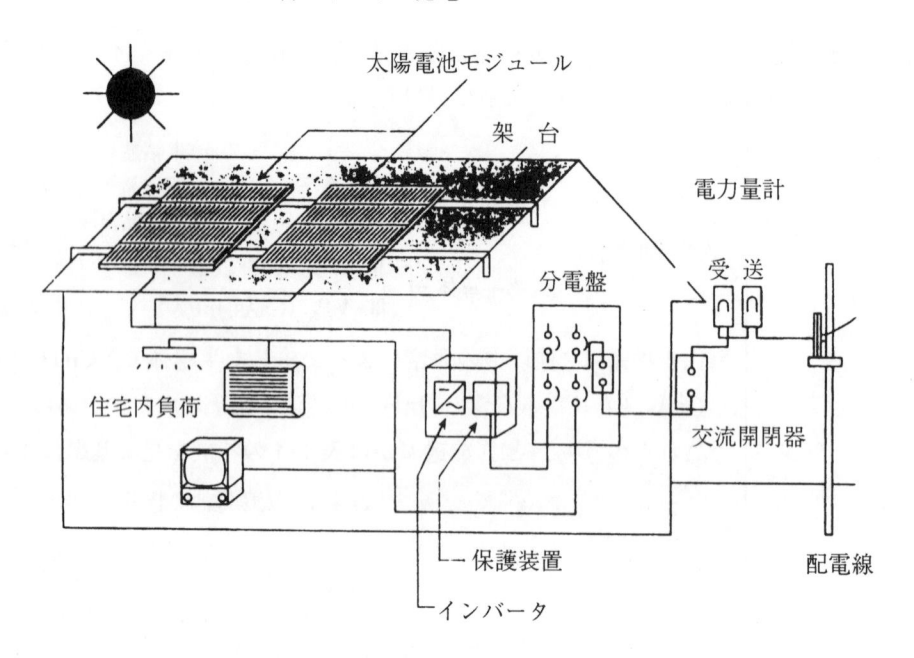

図4·3 系統連系型個人住宅用太陽光発電システム

状態を監視し発電電力を制御したり，負荷に応じて余剰電力や不足電力に対し商用系統とのやりとりを制御したりする機能もある．

　(3) **系統連系保護装置**　太陽光発電システムは，いわば小さな発電所であるから安全性については十分に注意することが必要である．保護装置は，太陽光発電システムや商用系統の異常を適確に検出し異常箇所を速やかに切離し，漏電や感電事故，商用系統への波及事故等を防止する装置であり，保護リレーや遮断装置等で構成されている．

　特に，商用系統と連系するためには，系統連系保護装置が必要である．

　(4) **蓄電池（バッテリー）**　太陽光発電は，気候や天候の影響により発電量が変動するため，日射量が少ない状況では発電量も少なくなり，夜などは発電が行われないため電力の使用ができなくなり，夜間に電力を使用する場合には何らかの対策が必要となる．これに対して設置されるのが蓄電池である．一般に鉛電池が使用される．

　(5) **電力量計**　系統連系形の場合，通常の電力量計の他に逆潮流を計測するための電力量計が必要となる．

　なお図4·4は大電力供給用システム構成の例を示す．また表4·2はわが国の発電設備例である．

表4·2　わが国の太陽光発電設備例（平成5年度）

所在地	出力〔kW〕	所在地	出力〔kW〕
六甲アイランド 沖縄県渡嘉敷島	300 200	沖縄県宮古島	750

(a) 太陽電池モジュール群

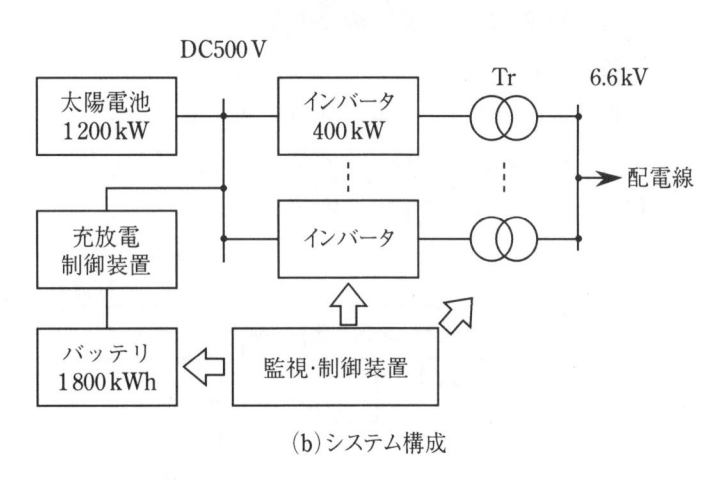

(b) システム構成

図 4・4　大電力供給用システム構成例（西条）

4・2　燃料電池

燃料電池

(1) 燃料電池の原理と特徴

　化学反応のエネルギーを電気化学的なプロセス（process）で直接電気エネルギーに変換するのが燃料電池であり，この原理が普通の電池と異なる点は，燃料電池では廉価な燃料と酸化剤を使用し，これを連続的に装置に供給してやる点である．これのきわめて簡単な原理図を図4・5に示す．これは酸素濃縮電池の例でP_1の圧力におかれた酸素が陰極を通して電解質に入り陽極に達し，P_2というより低い圧力になって出て行くが，この過程において電流が得られる．

　燃料電池を電解質の種類で分類すると，りん酸形，溶融炭酸塩形，固体電解質形となる．とくにりん酸形は開発がもっとも進んでいて実用化が間近く，後2者は次世代形としてより高効率が期待されている．

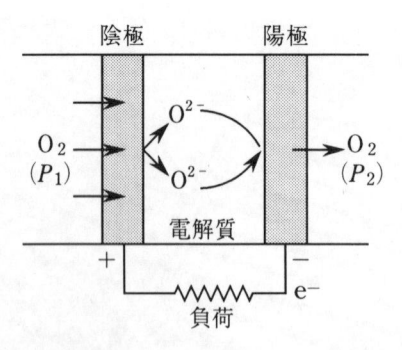

図4·5 燃料電池の原理

燃料電池の特徴は,

(1) 燃料のもつ化学エネルギーを直接電気エネルギーとして取出すもので従来の火力発電より高い発電効率（40％以上）が期待できる.

(2) 排熱が冷暖房や給湯に利用できるため総合効率として70～80％ぐらいが得られる.

(3) 主要部分に燃焼や回転機構がないので大気汚染，騒音がほとんどない.

(4) 地域電源として好適である.

(2) 発電システム

燃料電池発電システム

燃料改質装置

燃料電池発電システムの構成を図4·6に示す．燃料改質装置は，天然ガスやメタノールなどの化石燃料に水蒸気を加え外部から熱を加えることによって改質反応を促し，水素ガスを発生する装置である．

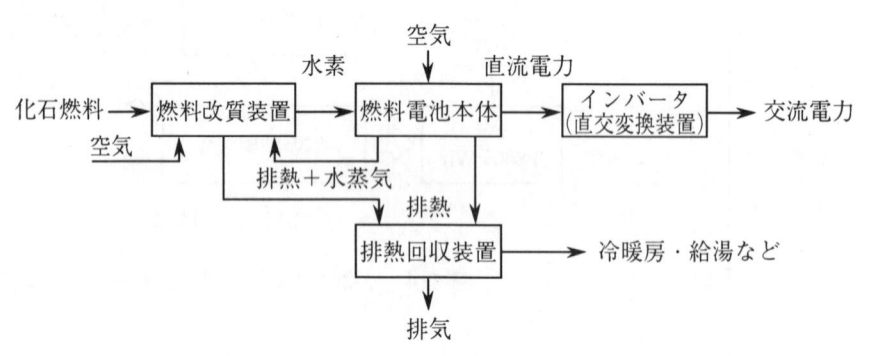

図4·6 燃料電池発電システム

燃料電池本体では，燃料改質装置で作られた純度70～90％程度の水素ガスが反応に使われて直流電流が発生し，燃料極で消費された残りの水素ガスは，再び燃料改質装置に戻し改質反応の熱源として利用される．

インバータは，燃料電池本体から得られた直流電力を交流電力に変換し，排熱回収装置は排熱で蒸気や高温水を発生させ，冷暖房などに有効利用する．

(3) 燃料電池の種類

電解質

表4·3のように電解質によってリン酸形，溶融炭酸塩形，固体酸化物形，固体高分子形などに分類され，この中で現在最も開発が進んでいるのはリン酸形である．

4・2 燃料電池

表4・3 燃料電池の種類

種類	リン酸形 （PAFC）	溶融炭酸塩形 （MCFC）	固体酸化物形 （SOFC）	固体高分子形 （PEFC）
燃料	天然ガス メタノール ナフサ	天然ガス ナフサ	天然ガス ナフサ 石炭ガス	メタノール 純水素
電解質	リン酸	溶融炭酸塩	安定化ジルコニア	陽イオン交換膜
電解質中の 移動イオン	H^+	CO_3^{2-}	O^{2-}	H^+
運転温度〔℃〕	200	650	1 000	常温〜130
発電効率〔％〕	40〜45	45〜60	50〜60	60（純水素）
開発状況	商業化目前	実証段階	試験研究	実証段階

（4） リン酸形燃料電池

リン酸形燃料電池は実用化にもっとも近いもので，実用開発の段階にあるが，開発目標としてはホテル，病院など熱需要の多いビルなどへ設置するための数10〜200 kW級オンサイト形と，都市近くなどへの分散形配置電源用の数1 000 kW〜10 MW級のプラントの2種がある．この電池は燃料として天然ガスやナフサを用い**図4・7**に示すような原理で電気を発生するが，プラントの基本構成の例を**図4・8**に示す．またわが国の主な燃料電池の例を**表4・4**に示す．

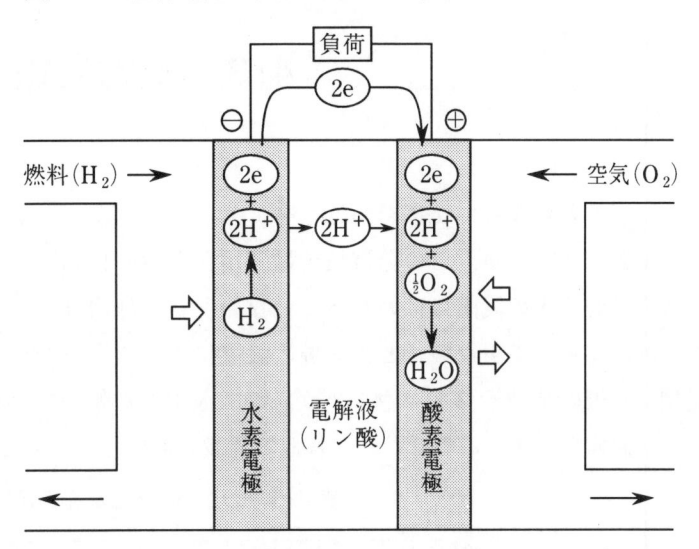

図4・7 リン酸形燃料電池の発電原理

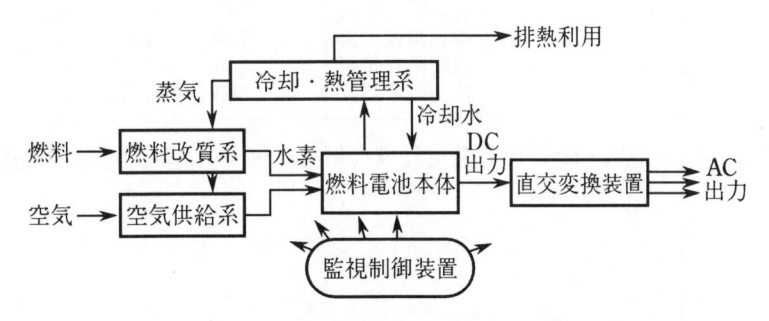

図4・8 リン酸形燃料電池プラントの基本構成

表4·4　わが国の主な燃料電池（平成5年度）

所在地	出力〔kW〕	所在地	出力〔kW〕
千葉県市原市	11 000	大阪府大阪市	200
愛知県知多市	1 000	沖縄県渡嘉敷島	200
大阪府堺市	1 000		

溶融炭酸塩形燃料電池　溶融炭酸塩形燃料電池は，発電効率が高く燃料としては天然ガスはもとより，石炭ガスなども使用可能で，オンサイト形，分散形配置形，集中配置形など広範囲に適用できる特徴がある．図4·9はこの発電システムの構成を示す．

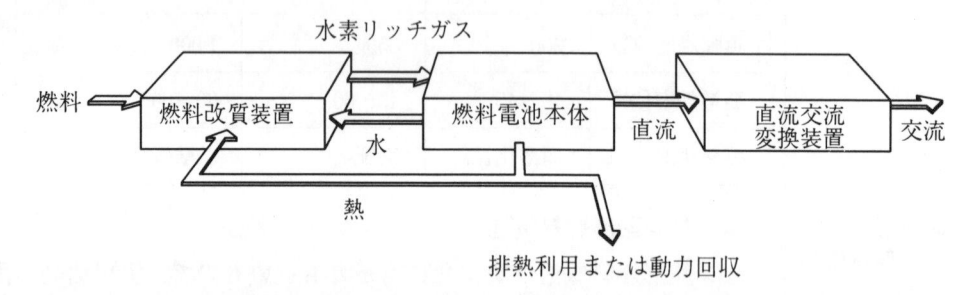

図4·9　燃料電池発電システム構成（溶融炭酸塩形）

固体電解質形燃料電池　固体電解質形燃料電池は，他の方式に比べて高温（900〜1000℃）で作動するオールセラミックスの燃料電池で，高い発電効率，燃料多様性，耐久性にすぐれていて開発が期待されている．

4·3　風力発電

風力によって風車を回転させて，これにつないである発電機を回転させて発電する方式である．この発電技術は実用化レベルに到達しているが，わが国ではまだ本格的導入の段階にはいたっていない．この理由はわが国ではコンスタントな風力エネルギーが少ないことや設備の設置に適した場所が少ないなどの点にあるが，しかし**風力設備**　250kWクラスのプラントが各地で設置され始めている．表4·5は，わが国の風力設備を示す．このほかにも各地で建設・計画されているところが多い．

表4·5　わが国の主な風力発電設備

所在地	出力〔kW〕	所在地	出力〔kW〕
青森県竜飛	1375	愛知県碧南市	250
鹿児島県甑島	250	愛媛県西宇和郡	100
長崎県香焼町	250	六甲アイランド	33
高知県室戸	300	沖縄県宮古島	500

風力発電設備　図4·10は風力発電設備の例を，図4·11は発電部の機構を示す．

4・4　海洋発電

図 4・10　風力発電設備

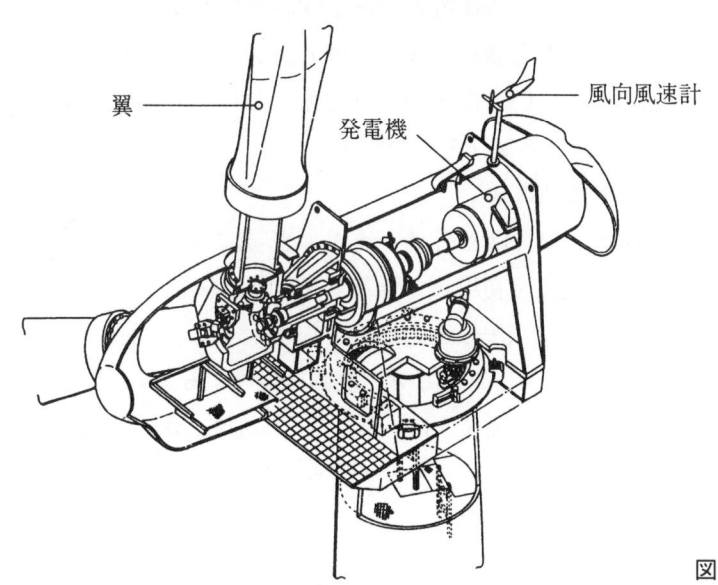

図 4・11　発電部の機構図

4・4　海洋発電

　海洋は，地球総面積の約70％を占め，そこに存在するエネルギーは膨大である．地球と月の相互作用による海潮流・潮汐，気流などから引起される波力，海洋の温度差を利用する発電が古くから試みられてきた．

(1) 潮汐発電

　潮汐とは海面が天体運動が原因で上下する現象をいい，この上下の差を利用すれば，エネルギーを得ることができる．これが潮汐発電の原理である．

潮汐発電　潮汐発電は張潮時水門を開き海水を河または貯水池に導入し，満潮時の海面水位と貯水池の水位が同じになると水門を閉じる．干潮時は海面の水位が低くなるので，このときの水位の高低差を利用して，貯水池から海へ海水を水車タービンを通して放流し，タービンの駆動力で発電する方式である．

潮流発電　**(2) 潮流発電**

-17-

海流（潮流）とは，ある程度の幅と長さと厚みをもって，ある程度以上の早さでほぼ同じ方向に動いている海水の流れのことである．潮流エネルギーは，日毎に2回の潮位の変動と，月2回程度の潮位の大きな変動があることと，月齢による潮位の変動で季節には関係されないという特徴がある．潮流は潮差による海水の流れで，湾の入口が狭まった場所で流れが速くなる．潮流発電は，堤防や水路をつくらずに，自然の流れから直接発電しようとする方法である．

(3) 波力発電

|波力発電|

波力発電は，風により海洋に発生した波の保有するエネルギーを動力として回収し発電を行うものである．波エネルギーは太陽エネルギーを源泉とし，海洋の表面に発生する風エネルギーを吸収しながら発達する．そのため，海表面を吹く風の風速が速く，かつ吹きわたる距離が長ければ大きくなる．きわめて広範囲に存在する風力エネルギーが海面上において波に変換されたものといえる．

波力発電にはいろいろな方式がある．波のエネルギーを水の位置のエネルギーに変換するタイプの波力発電（波流発電方式）と，現在実用化されているものおよび実験中の波の上下運動と浮体の相対運動により，圧縮した空気をノズルから噴出して，空気タービンを駆動する方式である．

(4) 海洋温度差発電

温度差発電は太陽に暖められた海洋の表層温海水（25～30℃）と深層冷海水（5～10℃）との温度差を利用して発電するものである．

|海洋温度差発電|

海洋温度差発電は，海表面の温水でアンモニア，フロンなどの低沸点2次媒体を加熱して蒸気を発生させ，タービンを駆動し発電する．タービンを駆動し終えた2次媒体は深海の冷たい水で復水され，再び温水で加熱されて蒸気となり循環使用される．発電システムには，クローズドサイクル，オープンサイクル，ミストサイクルなどがある．

4・5 MHD発電

|MHD発電|
|磁気流体発電|

MHD発電（Magnetohydro Dynamic Generator）は磁気流体発電とも称せらるものである．

ファラデーの発電機の原理によると，磁界の中を金属導体が動くと起電力を発生する．MHD発電機はこの金属導体の代わりに導電性のガスを使用するというものでその原理図を図4・12に示す．この場合，ガスの流れにしたがって磁界中を動く電子は金属導体中の電子と同様磁界の作用によって偏向をうけ，ガスと接触して配置された電極に到達する．この電子は外部回路に接続された負荷を通って反対側の電極に入り，ふたたびガスにもどる．このように原理は比較的簡単であるが，MHD発電機では実用的な装置を得る方法は導電性のガスを作る方法のいかんにかかっている．

|導電性ガス|

導電性ガスではその主体をなす中性ガスと，ある程度の数の自由電子および自由電子と同数の正イオンとからなっている．すなわち一種のプラズマ（plasma）が形

4·5 MHD発電（Magnetohydro Dynamic Generator）

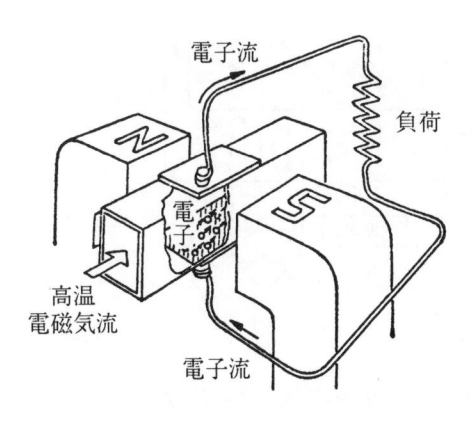

図4·12 MHD発電の原理

成されねばならない．

プラズマ　　中性のガス分子をイオン化しプラズマを作るためには（1）放射線をあてる，（2）電界を与える，（3）加熱する，などの方法があるが，このうち加熱する方法がもっとも実用的である．しかしふつう入手できる材料を使うかぎり，一般のガスを十分な量だけイオン化するまで温度を上げることはまず不可能に近い．そこで2 000～3 000℃という実用的な温度範囲で十分なイオン化を行う手段として考えられているのは，イオン化しやすいK, Csなどのアルカリ金属を少量加える方法である．

ガスに接触する二つの電極間に現れる電圧は磁界の強さ，ガスの移動速度および両電極間の距離に比例し，得られる電流密度はガスの電気伝導度に比例する．MHD発電機は使用温度が高いため，熱機関の特徴として必然的に効率は高くなり，装置全体としての熱効率は50％以上に達する．

MHD発電方式　　**(1) MHD発電の方式**

いままでMHDによる発電は直流発電方式が主として研究されているが，交流発電方式についても現在研究が進められている．したがってMHD発電の方式は交・直の発電方式，発電サイクルの方式，電離気体の発生装置の方式，発電機の形などによって分類することができるが，ここでは一応発電サイクルについて考えてみる．

発電サイクル　　MHD発電の発電サイクルは利用した電離気体をそのまま排気するか，再度循環して利用するかによって分類され，前者をオープンサイクル，後者をクローズドサイクルという．

オープンサイクル　　(1) オープンサイクル　このサイクルは主として石炭，石油などの燃焼によるガスを導電性気体として発電機に流入させる場合に用いられ，気体の電気伝導率を高めるために1％程度のアルカリ金属蒸気を混合する．このサイクルは一般に気体の

結合サイクル　温度も高く，排気ガス温度を利用して通常の火力発電機との結合サイクルを作って効率の向上がはかられる．図4·13はこの例を示す．また表4·6は両サイクルの比較を示す．

外国の例によると，このような併用結合サイクルを利用すれば，推定総合熱効率は80％に近いといわれている．しかしこれはMHD発電出口のガス温度が約2 000℃くらいで，このエネルギーのほとんど全部を利用した理想的な場合であり，低圧蒸気を用いる場合は総合熱効率は55～60％くらいではないかといわれている．

クローズドサイクル　　(2) クローズドサイクル　この発電サイクルは主として原子炉と組合わせる

4 新エネルギー発電

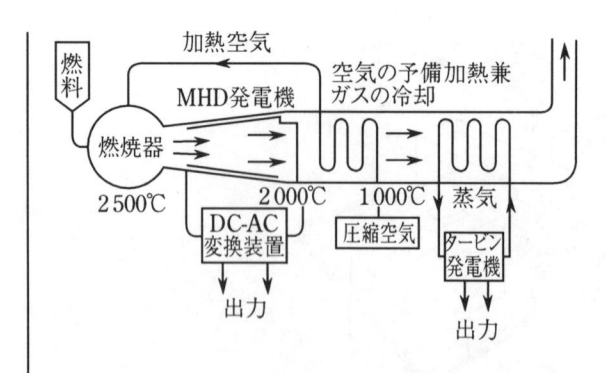

図4・13 オープンサイクルの例

表4・6 MHD発電方式の比較

方式	作動流体	熱源および温度	特徴
オープンサイクル	燃焼ガスにアルカリ塩（KOH, K_2CO_3等）をシードしたもの	化石燃料 2500〜3000K	高温の燃焼ガスで発電，SO_x，NO_xの排出量を軽減できる．
		固体ロケット燃料 水素・酸素 2600〜3500K	パルスMHD（5〜20秒）可搬式磁気探査用
クローズドサイクル	希ガスに金属アルカリ（K, Cs等）をシードしたもの	化石燃料 将来は核融合 1700〜2200K	温度が低くても高い導電率のプラズマが得られる
	液体金属（Na-K, Hg等）	化石燃料，太陽熱 〜400K	特殊用途を目的としたコンパクトな発電システム

場合が多い．したがって導電性気体としてはガス冷却形原子炉の冷却気体を用いるため，所要の電気伝導率を得るため電子の移動度の大きいガスを作動気体とする必要があり，しかもその気体が放射能をもつことからクローズドサイクルとなるわけである．

(2) MHD発電の問題点

現状においてMHD発電は商用としての経済性が確立されているとはいいがたく，現在においては小規模な実験的段階を脱し得ない．この理由としてはいろいろあろうが，その根本的な問題点としてはつぎの諸点が考えられる．しかし研究も進み近い将来においては実用となり，大容量ユニットの実現が予想されている．

(1) 磁気流体力学の基礎理論が，理論・実験ともいまだ十分でない状態である．とくにMHD発電の解析上問題点となる圧縮性流体については今後の研究に期待するところが大きい．

(2) 発電機ダクト中を流れる気体の動的特性の把握が十分とはいえない．

(3) 発電装置諸機器材料の研究についてもさらに研究の余地がある．

(4) 電子による熱損失問題，イオン・電子の運動の状態把握，安定した出力をうるための燃焼および流体運動の安定性についても問題がある．

5 特殊運用火力システム

5·1 コジェネレーションシステム

"Co"は一緒にとか，ともにの意味で，"Generation"は電気を生出すの意味で，この二つをくっつけた合成語が，Co-Generation System（熱併給発電システム）であるが，これは図5·1に示すように，石油，ガスなどの燃料から電気と熱などのエネルギーを同時に発生させるシステムである．

欄外: 熱併給発電システム

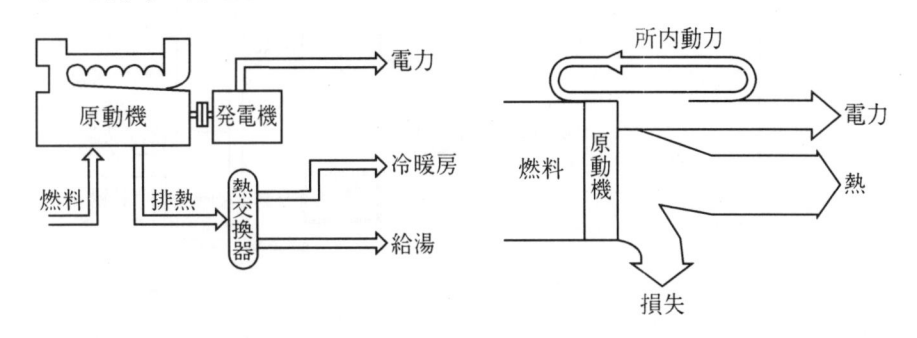

図5·1 コジェネレーションシステムの構成と熱勘定

一般に，ディーゼルエンジン，ガスタービン，ガスエンジンなどによって電力や動力を発生させるとともに，廃熱を冷暖房，給湯などあるいは生産工程における加熱源として有効利用できるため，熱効率がきわめて高いのが特徴であって，熱需要量の多いホテル，病院，工場などへの適用に向いている．

(1) コジェネレーションの特徴

従来の火力発電システムは排熱を利用することなく海や大気へ放出して，送電ロスも発生するため都市部需要端での受電分は燃料入熱の36～37％程度である．一方，コジェネレーションシステムは，分散形電源として都市部等の需要端に設置され，電力と熱の両方を利用することにより75～80％程度が得られ，従来のシステムに比べて，はるかに省エネルギーとなる（図5·2参照）．

欄外: コジェネレーションシステム

コジェネレーションシステムは，従来のボイラによる熱供給，受電等のシステムに比べて設備費はかかるものの，熱および電力の需給がうまく取れているかぎり，排熱を有効に利用することにより運転費は安価となり，その結果，設備費の単純回収年数は3～5年程度となる．したがって，経済性の高いシステムとして今注目されており，わが国では各種の規制緩和と相まって1986年頃より設置件数・設備容量が急増している．図5·3はこの基本システムを示す．

5 特殊運用火力システム

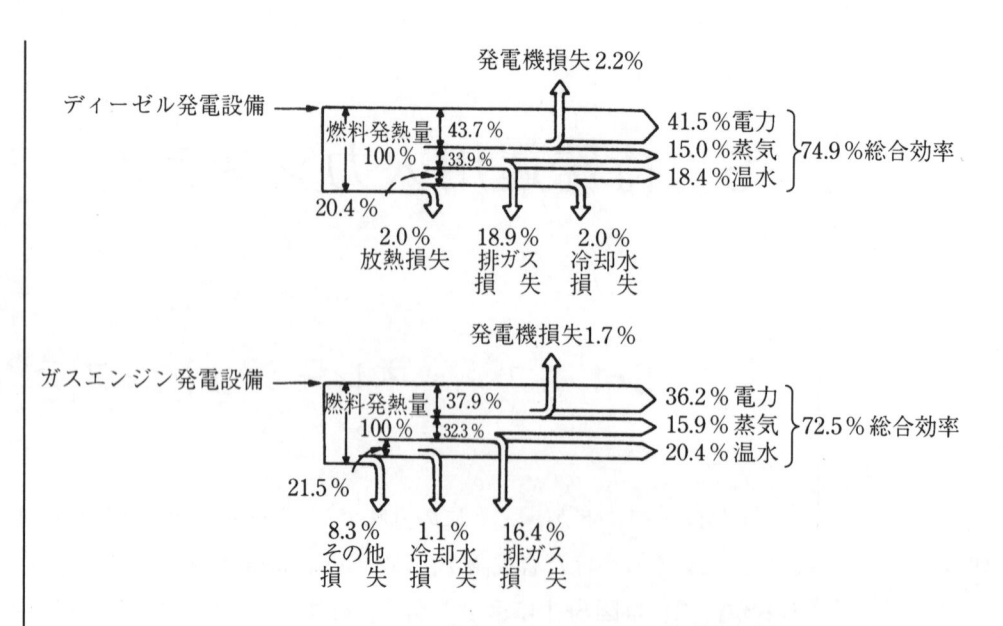

図5・2 内燃力発電コジェネレーションの熱収支例

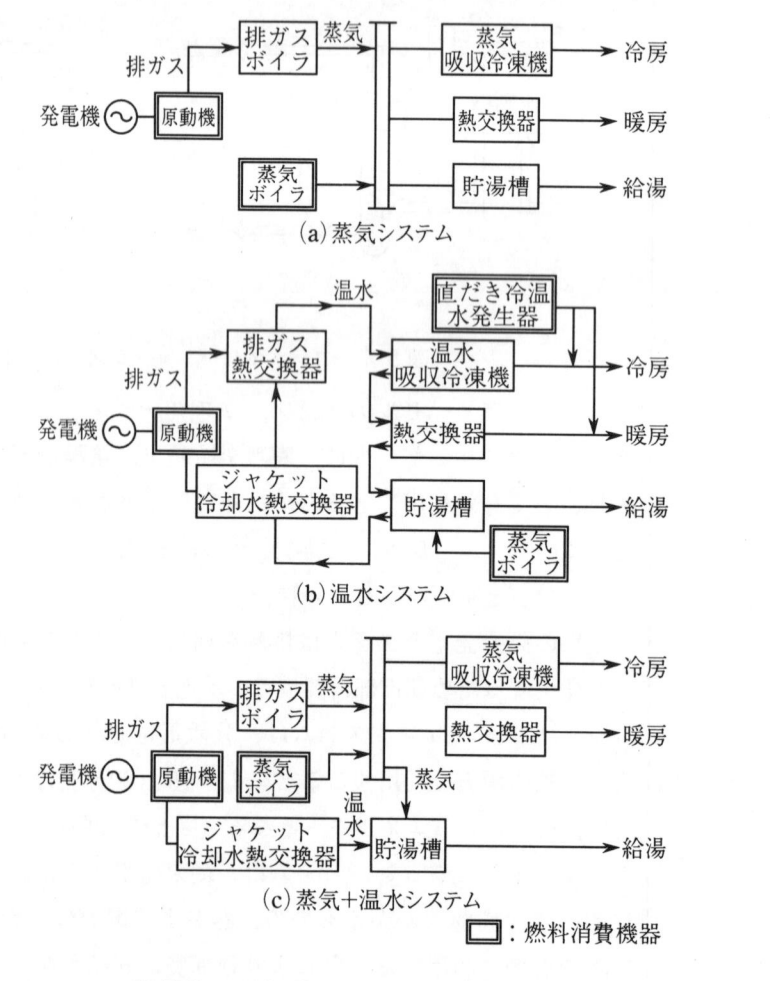

図5・3 コジェネレーションの基本システム図

(2) **各種発電装置**

発電装置　発電装置としては，ガスタービン，ガスエンジン，ディーゼルエンジンなどが代表的なものである．これらの特徴を表5・1に示す．図5・2に内燃力コジェネレーションの熱収支例を示す．

表5·1 各種発電装置の特徴

	ガスタービン	ガスエンジン	ディーゼルエンジン
適用規模	中・大規模に適する （500～100 000 kW）	小・中規模に適する （～4 000 kW）	小・中規模に適する （～50 000 kW）
発電効率	20～38％	30～40％	35～45％
コジェネ総合効率	約80％	約80％	約80％
燃料	ガス・灯軽油・A重油	ガス	灯軽油・A重油
環境性（NOx）	30～150 ppm	1 000～2 200 ppm	1 000～1 200 ppm
振動	小	中	大
熱電比*	約2	1.5～1.7	約1

*熱電比は排熱と電力との発生比率を表す．

5·2 ごみ発電

ごみをボイラで焼却するときの熱を利用して発電を行う一種の火力発電がこの方式であるが，燃料は廃油，紙くず，木くず，繊維くずなど，いろいろの可燃物がまじっていて，カロリーは低く，1 600～2 000あるいは3 000 kcal/kg程度である．

ボイラの蒸気条件は圧力が20 kg/cm^2，温度が250℃クラスが主流となっているが最近の設計のものは23 kg/cm^2，350℃程度である．タービン出力は1台あたり1 600～2 200 kW，復水器は空冷，発電効率は古い形のもので6.5％ぐらいであったが，最近のものはこれを上回って12～14％ぐらいである．図5·4はこの発電システムの例を示す．

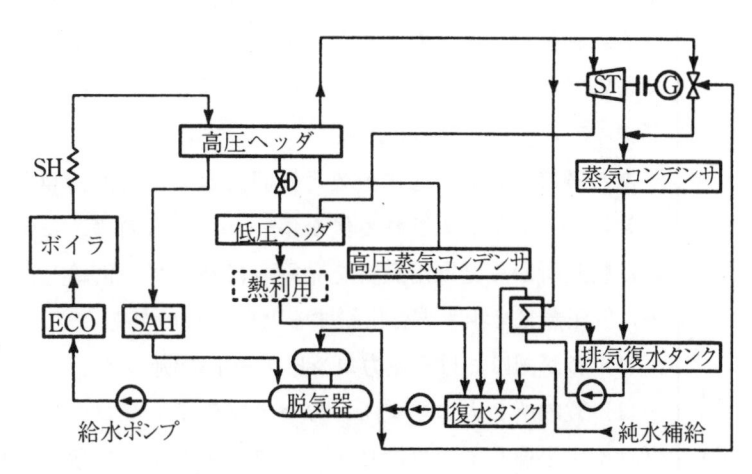

図5·4 ごみ焼却高温高圧蒸気タービン発電システムの例

この発電方式では，ごみの持込み熱エネルギーは時々刻々に変化するためボイラ出力は一般的なものとは比較にならないほどの燃焼上の困難性があり，発電出力の変化幅も±5～10％ぐらいあるものもある．

将来的な課題は蒸気条件の向上とタービン排気の真空度向上による発電効率の向上であるが効率向上のために図5·5に示すようなガスタービン複合方式を採用して20～26％の熱効率向上の見通しが立っている．

5 特殊運用火力システム

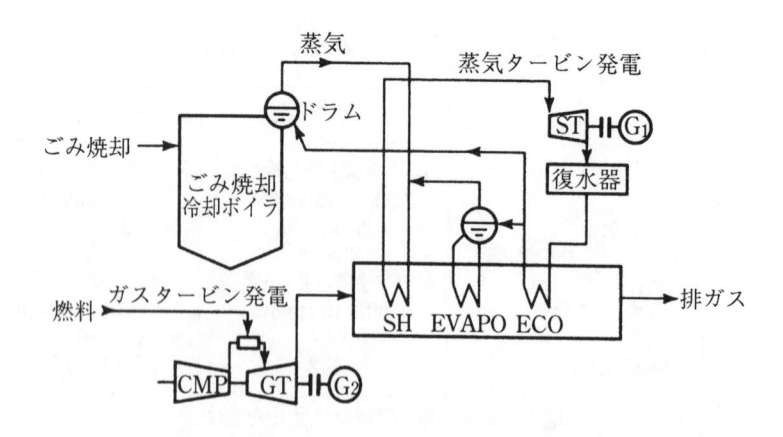

CMP：空気圧縮機　GT：ガスタービン　　ST：蒸気タービン　G：発電機
SH：蒸気過熱器　EVAPO：エバポレータ　ECO：節炭器

図5·5　スーパごみ発電システムの例

ごみ発電で問題になるのは環境対策問題である．ごみ焼却時に注意しなければならないのは塩化水素（HCl），ダイオキシン（DXN），集塵灰（飛灰）である．これらに対して充分な処理，防止措置がとられなければならない．

5·3　電力コンビナート

コンビナート

コンビナートというのは，通常生産活動を行う上で有機的な関連を持ついくつかの企業が互いの利益のため，1箇所に集って一つの企業集団を形成することをさしている．具体的な例をあげると石油化学コンビナートにみられるように，企業相互間においてエネルギー，原材料，中間製品などが交換され，これが各企業を密接に結びつけているわけである．

電力事業においても他企業との間，とくに石油精製業，あるいは鉄鋼業との間にコンビナートが形成される例が多い．これらのコンビナートは，隣接の製油所あるいは製鉄所から発電用燃料を発電所にパイプで供給し，一方発電所からは電力あるいは低圧蒸気を相手方へ供給するというものである．

電力コンビナート

(1) わが国における電力コンビナートの例

パイプライン・コンビナート

(1) 製油所と火力発電所とのパイプライン・コンビナート　前述のようにパイプラインを通じてのコンビナートであるが，その多くは製油所からパイプで重油の供給をうけるだけのものが多い．

(2) 製鉄所と火力発電所とのコンビナート　製鉄所の余剰高炉ガスを有効利用し燃料費の低減をはかる目的で両者がコンビナートを形成するもので，例としては電力業と鉄鋼業が共同で出資を行った共同火力がある．

(3) 共同自家用発電コンビナート　企業間で共同の自家用発電所を建設し，電力および低圧蒸気を両者で利用しようとするものである．

コークス製造工場

(4) コークス製造工場と火力発電所とのコンビナート　コークス製造時に発生するコークスガスを火力発電所に送って，これをボイラあるいはガスタービン用燃

料として使用し，発電所側からは電力および必要に応じて蒸気を供給する．

(2) 火力発電所と製油所のコンビナートの長所と短所

(1)で述べたようなコンビナートの諸形式があるが，そのうちでも多いのが製油所とのコンビナートである．これの長所および短所を述べるとつぎのとおりである．

長　所

(1) 発電所にとっては燃料の安定確保となり，製油所にとっては安定市場の確保となる．

(2) 販売費，輸送費など中間経費の節減となって，製油所では合理化となり，発電所では燃料価格の引下げとなる．

(3) 発電所は貯油設備の減少をはかることができ，建設用地の節減をはかることができる．

短　所

(1) 製油所の事故により発電所の運転に支障を生ずるおそれがある．

(2) 発電設備の増設のとき，この供給量の増加が製油所の設備能力と一致しないときがある．

(3) 発電所と製油所それぞれに供給源，供給先が固定することは市場の価格変動に対応して自由に価格を変更することが困難となる．

5・4　火力発電プラントの多目的利用

(1) 多目的利用のねらい

一般の火力発電では，燃料のもつ熱量の約40〜50％が復水器の冷却水にうばい去られ，その他の損失もあって，熱効率は最新鋭火力でも40％程度である．今後蒸気条件の向上，大容量化による若干の改善の余地はあるが，ほぼ飽和の状態に達していて多くは望めない．

そこで火力発電プラントを電力発生という単一目的の使用だけにとどめず，すて去られる熱量を有効に利用し，各種の生産用や熱供給源として多目的に使用する．

多目的利用　これを火力発電プラントの多目的利用と称する．この多目的利用を行うと総合熱効率は飛躍的に向上し，理論上では70〜80％と普通の火力の2倍近くになる．

(2) 多目的利用の方法

生産用熱源　(1) 生産用熱源　これは従来から自家用火力のほとんどで電力とプロセス蒸気の同時供給を行ってきたが，これがこの利用方法の例といってよい．

すなわち化繊，石油，製紙，化学などの各種工場で，その生産過程上作業用蒸気を必要とするとき，蒸気タービンの出口からの蒸気を利用する背圧式としたり，蒸気タービンの段階の途中から蒸気を利用する抽気式として蒸気を有効に利用している．

作業用蒸気　作業用蒸気としては一般に100℃以上の温度を必要とするので，普通の火力発電所に比べて発熱量は減少する．なお背圧式では発電量と熱量が一定の割合で結合され，抽気式ではそれぞれの調節が独立して行える．熱負荷の変動の少ないものには背圧式が適し，熱負荷の変動の大きいものには抽気式が適する．最近では多数の工

5　特殊運用火力システム

場が共同して大規模の多目的火力発電プラントの設置を進めている．

地域冷暖房用熱源　　(2) 地域暖冷房用熱源　　蒸気タービンからの蒸気，またはオープンサイクルの場合のガスタービンの排ガス（400～450℃）によって熱水または蒸気をつくり，パイプラインを通して工場，ビル，住宅などに供給し，暖冷房，給湯施設などに利用する．わが国では工場の一部に利用されている程度であるが，ロシアや北欧を中心としたヨーロッパ諸国で普及している．

　将来，生活水準が向上し，生活様式や家屋の構造の変遷に伴い，わが国でも地域の事情やその規模によって経済的に成立し，公害に対する積極的な対策の一つにもなることが予想される．

海水淡水化用熱源　　(3) 海水淡水化用熱源　　蒸気タービンからの蒸気を海水淡水化装置の熱源として用い，発電所のボイラ給水や離島の給水源として使用する．なお大規模な淡水化による砂漠の緑地化，広域農場の経営なども考えられている．

　(4) 復水器温排水の利用　　復水器冷却後の温排水を利用して，稲，野菜の発育促進用，魚貝類の養殖用，融雪用または各種の作業用などに用いられる．

6 ピーク負荷用火力発電所

6·1 ピーク負荷用発電所と設備の特性

ピーク発電力 　普通ピーク発電力としては調整池または貯水池を有する水力発電所および揚水式発電所が一般的である．調整式および貯水式発電所は地形上の特長を利用して作られるもので，ピーク負荷に応じうる能力の大小は，貯水池あるいは調整池の規模によってきまるが，このほかにも河川の状況や系統の事情によっても影響をうける．また多目的ダムの場合は発電以外の目的に利用される流量によってもピーク負荷に応ずる度合を変えなければならない不自由がある．

揚水式発電所 　揚水式発電所はオフピーク時の余剰電力によっても揚水し，ピーク時発電する建前の発電所で，電力源としては深夜に生ずる水力発電所あるいは火力発電所の余剰電力による．しかし，水力の余剰電力は安価ではあるが，渇水期には利用できない．火力余剰は火力発電所がベース負荷運転を行う場合に必然的に生ずるため，これの利用は渇水期であっても可能であるが，発電経費は分担の必要がある．

　最近における発電力は火主水従で，ベース負荷は火力にもたせるような運用がされている．しかし電力需要の急増に伴い火力発電設備が急速に増強され，系統の発電力に占める火力の割合も大となって，新鋭火力発電設備もピーク負荷を分担する必要が生じてきた．

ピーク負荷用火力
ピーク負荷発電設備 　しかしピーク負荷用火力としては特別な設備を設けないで火力発電所がピーク負荷を供給することは高効率の新鋭火力が低い利用率の運転を行わねばならない不利が生ずる．簡単にいってピーク負荷発電設備はつぎのような特性をもつ必要がある．

(1) 低建設費であること．全負荷運転時間が短いため燃料の経済性はある限度までそう重要でない．

(2) 大きい負荷変動をうける能力があり，また始動停止が容易，かつ短時間であること．

6·2 ピーク負荷用火力発電所

　一般にピーク負荷を火力発電所で処理するためにはつぎのような方法が考えられる．

(1) ガスタービンによる方法

6 ピーク負荷用火力発電所

（2）ベースプラントに短時間ピークをもたせ，スピニングリザーブ（spinning reserve）プラントとして運転する方法

（3）設計の基本を低利用率運転においた低圧・低温の安価・低効率プラントによる方法

（4）始めからピーク時の余力をもたせ，常時は負荷を下げて運転する方法

ガスタービン

(1) ガスタービン

もっとも普通に考えられるものであり，一般に約20分ぐらいで停止状態から全負荷をかけることができ，始動停止の際の熱損失が少なく，ボイラ，タービン，復水器などを有する蒸気プラントと比較すれば構造がはるかに簡単であり，プラント全体が小形軽量であるためすえ付けが容易である．また多量の冷却水や広い敷地を必要としないため送電系統の任意の地点に設置することが可能である．建設費も安いため，始動停止が多く利用率の悪いピーク負荷用に適している．なお構成が簡単であるため自動化・遠隔制御にも適している．

スピニングリザーブプラント

(2) スピニングリザーブプラント

これは通常ベース負荷の使用状態で最高効率となるように設計し，ピーク時30～40％過負荷を短時間もたせ，そのときの効率は数％ぐらい低下してもやむを得ないという設計である．この場合，30～40％過負荷するためには入口蒸気圧力を約25％ぐらい上昇させ，入口蒸気温度を下げ，高圧ヒータをバイパスし，予備の補機を運転するなどの方法をとる方法である．このプラントは，過負荷点をベースとして設計されたプラントに比べて建設費が約10％節約できるといわれている．

一例を**表6・1**に示す．これは常時基準値で運転し，ピークがかかってきた場合は最高値に示すように蒸気圧力を上げ，主蒸気温度を下げた運転を行うことになる．この場合，ボイラは貫流ボイラが採用されていれば変圧運転が容易である．タービンについてはどの仕様に対しても強度的にもガバナ制御上もなんら支障のないものでなければならない．

表6・1 スピニングリザーブ例

	単　位	基　準 (base point)	最　高 (peak point)
タービン出力	〔MW〕	225	312.86
主蒸気圧力	〔ata〕	169	220
主蒸気温度	〔℃〕	538	510
再熱蒸気温度	〔℃〕	538	510
主蒸気流量	〔t/h〕	658	912
再熱蒸気流量	〔t/h〕	579	882
給水温度	〔℃〕	243	186
背圧	〔mmHg〕	722	695
熱消費率	〔％〕	100	106.3

低温低圧プラント

(3) 低温低圧プラント

ベース負荷用発電所は高利用率が期待できるため，効率を上昇させるためには建設費を増加しても運転によって燃料を節約できれば十分むくわれる．しかし反対に

ピーク負荷用発電所

ピーク負荷用発電所は低利用率であるため効率向上よりも建設費の安いことを第一主眼とすることが望ましい．したがって設計の基本を低利用率運転においた低温・低圧・単純サイクルの採用が考えられる．しかも年間を通じて補修期間を十分得ら

6・2 ピーク負荷用火力発電所

れるためポンプ，送風機などの予備機は省略し，弁類やバイパス管なども省略し，給水加熱器なども必要最小限度にとどめる方法が考えられる．このような設計によればベース負荷用発電所に対しては建設費を低下できるが，(2)の方法よりは劣る．

7　中間負荷用火力発電所

中間負荷用火力発電所

(1) 中間負荷用火力発電所の必要な理由

従来の火力発電設備は日負荷のベース部分を分担する，いわゆるベース火力として開発されてきたが，さらに大きな火力ユニットや原子力発電のような発電設備の建設によって電力系統の負荷調整が重要な問題となってくる．このため，いままでベースロード用としてみなされてきた比較的大容量（300～600MW級）のユニットに対しても大幅な負荷変動，急速な始動特性などが要求されるようになった．

このような性格をもつ火力発電設備は従来からあるベースロードおよびピークロード用という概念のいずれにもあてはまらないものであり，これらの中間的な性格をもつものであり，これを中間負荷用火力あるいはミドルロード火力などと呼ぶ．

ミドルロード火力

(2) 中間負荷用火力の備えるべき特性

昼夜の電力需要の差はしだいに開く傾向にあるが，これを水力発電で吸収することは量的に困難であって火力で処理することが重要な課題となっている．

従来は古い火力設備をこの目的に使用し，新しい大容量機はベースロードで使用するのが一般的な運用方式と考えられてきたが，電力需要およびその昼夜の差の急激な増大によって最初からこの目的を考慮した，いわゆる中間負荷用火力が必要になった．中間負荷用火力の標準的な運用はおよそつぎのようなものである．

　(1) 毎夜8時間停止する．
　(2) 早期始動：この始動時間はできるだけ早くし，始動損失の低減をはかる．
　(3) 日中はほぼ全負荷付近で運転する．
　(4) AFCなどの系統指令により変動負荷を負担する．

このような運用から中間負荷用火力の計画条件はつぎのように設定することができる．

　(1) 利用率：45％程度
　(2) 始動時間：点火から全負荷まで60～90分（8時間停止後）
　(3) 負荷変化：5％/分以上

(a) 蒸気条件　　蒸気条件は主として利用率から経済比較によって決定される．従来のベース火力では350～600MW級に対して利用率70％程度を想定すると250 kg/cm^2，538℃あるいは169 kg/cm^2，566℃といった条件が選定されてきた．これに対して利用率が45％の場合の蒸気条件と年間経費を試算してみると，最適蒸気条件は200～250 kg/cm^2，520～538℃程度であり，従来のベース火力とあまり変わらない．すなわち中間負荷用火力では利用率が低くても蒸気条件を引下げることは許されない．この点は従来のピークロード火力とはまったく異なっている．

(b) 運転性　　従来のベースロード火力の始動時間，負荷変化率は中間負荷用火力として運用するには不十分なものであった．この制約は主としてボイラの始動時

間とタービンの熱応力に原因がある．ピークロード火力では蒸気条件を下げることによってこれを改善することができるが，中間火力では効率を低下させることは許されない．したがってこの解決策として考えられるものの一つに変圧運転方式がある．

変圧運転

(3) 変圧運転 (variable pressure operation)

従来の蒸気プラントの運転方式は，ボイラを一定圧力で運転し負荷はタービンのノズル締切り制御によって調節されている．これに対して変圧運転方式では，ボイラは負荷に応じた圧力で運転されるので，タービンの加減弁はほとんど一定であり，AFC などの急激な変動のときだけわずかの調節を行うだけでよい．

したがってタービン入口の調速段は不要であり，タービンは絞り制御される．変圧運転のボイラと絞り制御のタービンの組み合わせは，一般的につぎのような利点をもっている．

(1) タービンの調速ノズルが不要であるから，タービンの効率が高い．

(2) 高圧タービンの内部温度が負荷によってほとんど変わらないので，タービンの負荷変動に対する制限がない．

部分負荷

(3) 部分負荷では蒸気圧力が下がるので，応力レベルが下がり，材料の寿命が長くなる．

(4) 部分負荷では給水ポンプ動力が節減される．とくにタービン駆動のポンプの場合に効果が大きい．

(5) 定圧運転に比べて部分負荷での高圧タービン出口の蒸気温度が高いので，再熱温度を高く保つことができる．

(6) 低負荷でもタービンの温度があまり変らないので，ケーシング温度を高く保ったまま停止できる．したがってつぎの始動では定圧運転に比べて高い温度から

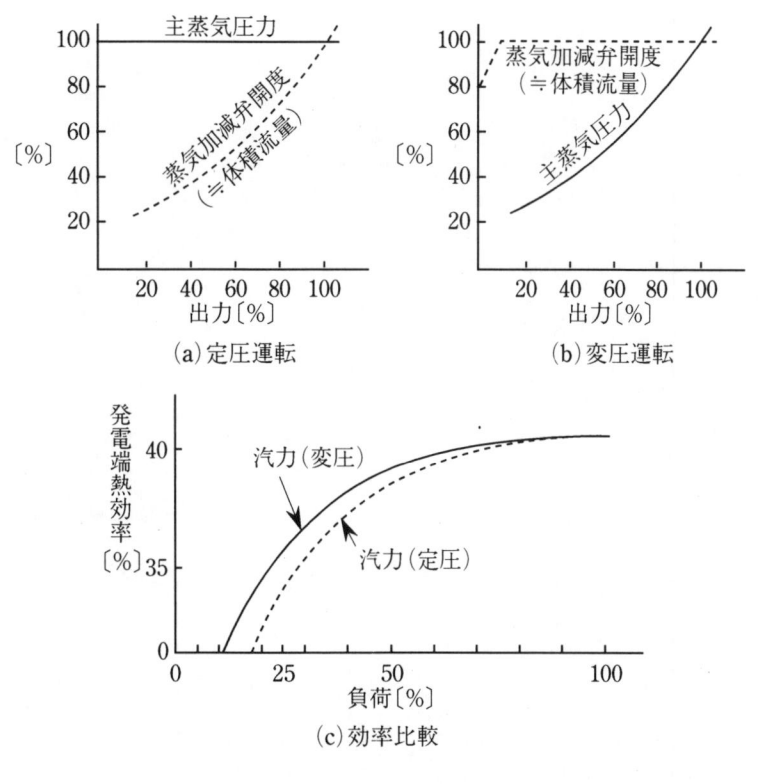

図 7·1 定圧運転と変圧運転の比較

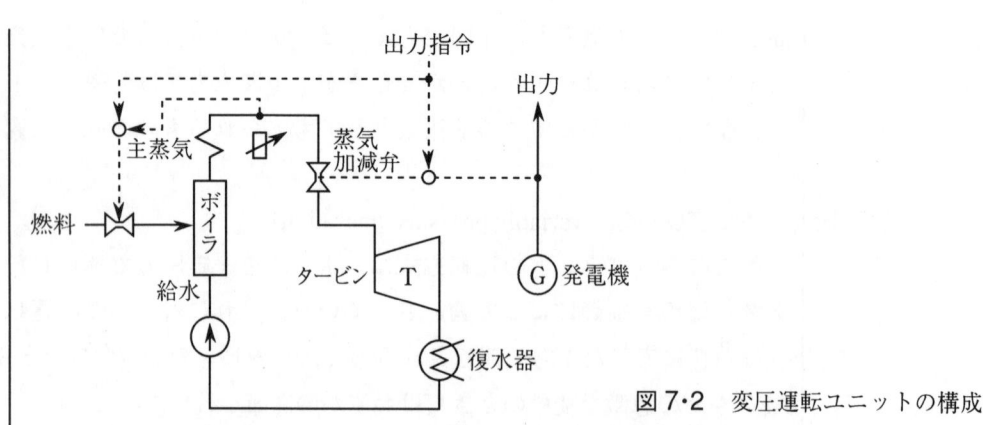

図7・2 変圧運転ユニットの構成

変圧運転ユニット スタートでき，始動に要する時間は短縮されて熱効率も向上する．

定圧運転と変圧運転の比較を図7・1に，またユニットの構成概要を図7・2に示す．

8 石炭ガス化発電

 脱石油の主力として石炭を原子力に次ぐ重要なエネルギー源として利用拡大をはかっているが，在来形のものでは環境対策の面に問題があり，これに代わるものとして熱効率・環境対策面ですぐれている石炭ガス化複合発電方式（IGCC；Integrated Coal Gasfication Combined Cycle）が研究開発されている．

石炭ガス化
ガス化炉

(1) 石炭ガス化方式

 ガス化炉は図8・1に示すように炉内に石炭とガス化剤を入れ，場合によっては水あるいは水蒸気を入れて，CO，H_2などの可燃成分を得るものであるが，石炭中の灰分の安定排出が不可欠なため，この石炭の出・入の方法によって炉形がいろいろ考

表8・1 石炭ガス化炉の種類と特徴

		固定床	流動床	噴流床
概念図				
石炭の供給方法		・炉上部から塊炭を供給	・炉の中央部に数ミリ程度の粉炭を供給	・微粉炭をバーナにより炉内に噴射
ガス化温度		400～1 400℃	800～1 100℃	1 200～1 700℃
灰排出方法		・炉底から固体で排出	・炉底から固体で排出	・炉底から溶融状態で排出
特徴	炭種の適合性	・強粘結性および粉炭は不適 ・灰融点は高いほうがよい	・粘結性炭は前処理酸化を要す ・灰融点は高いほうがよい	・適用炭種が広い ・灰融点は低いほうがよい
	ガスの発熱量	・高い （1 500kcal/Nm^3程度）	・比較的高い （1 200kcal/Nm^3程度）	・わずかに低い （1 000kcal/Nm^3程度）
	大容量化の可能性	・容積あたりの出力が小さく，大容量化は比較的困難	・容積あたりの出力は比較的大きい	・大容量化は容易
	運転操作性	・始動・停止・負荷変動に対する自由度が少ない	・自由度は中程度	・自由度は大きい

8 石炭ガス化発電

えられるが，現状では固定床，流動床，噴流床，溶融床の4種類がその主なものであるが，前3者についての概要を**表8·1**に示す．

固定床炉　固定床炉は上昇する高温ガスと向流に塊炭が下方へ移動する特徴があるが，流動
流動床炉　床炉は数ミリ程度の粉炭を，上昇流のガス化媒体により浮遊させ急速な乾燥，乾留，
噴流床炉　ガス化を起させるものである．また噴流床炉は微粉炭を水蒸気とガス化剤あるいは微粉炭とガス化剤を炉内に噴射するもので，1200〜1700℃の高温で短時間でガス化反応が完結する特徴がある．

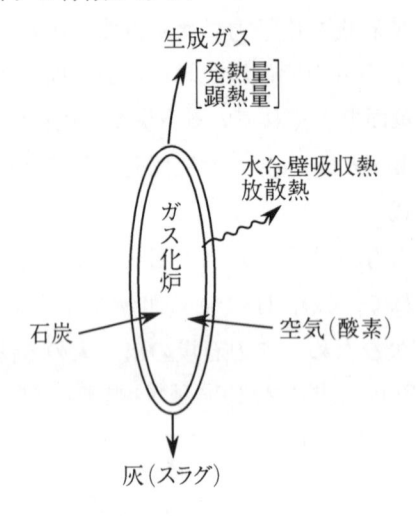

図8·1 石炭ガス化炉

石炭ガス化　**(2) 石炭ガス化複合発電**
複合発電
石炭ガス化複合発電方式は**図8·2**に示す構成によって発電を行うもので，原料炭を微粉にした後これをガス化剤とともにガス化炉へ供給し，可燃ガスを発生させる．このガスを冷却した後，不純物であるばい塵と硫黄化合物をガス精製装置で除去して，ガスタービンへ供給して燃焼させて発電する．排ガスは排熱回収ボイラへ導く．

またガス化炉，ガス冷却器，排熱回収ボイラで発生した蒸気は蒸気タービンに導いて発電に使われる．

この方式は，ガスタービンサイクルと蒸気タービンサイクルの二つのサイクルで構成されているため，各々の単一サイクルでは到達できない高い熱効率を得ることができる．

わが国では噴流床が大容量化，広範囲炭種適合性，環境保全性，負荷変動性など運転上の有利性が見込まれ，実証プラントが運転されている．このプラントでは炉全体を圧力容器で囲んで内部を加圧状態とし，石炭を高圧下で燃焼させ高い脱硫率
加圧流動床燃焼　を得るとともにボイラをコンパクトなものとする加圧流動床燃焼（PFBC：Pressurized Fluidized Bed Combustion）方式が採用され，コンバインドサイクルによって40〜42％程度の発電熱効率を得るように計画されている．**図8·3**にこの原理を示す．

8 石炭ガス化発電

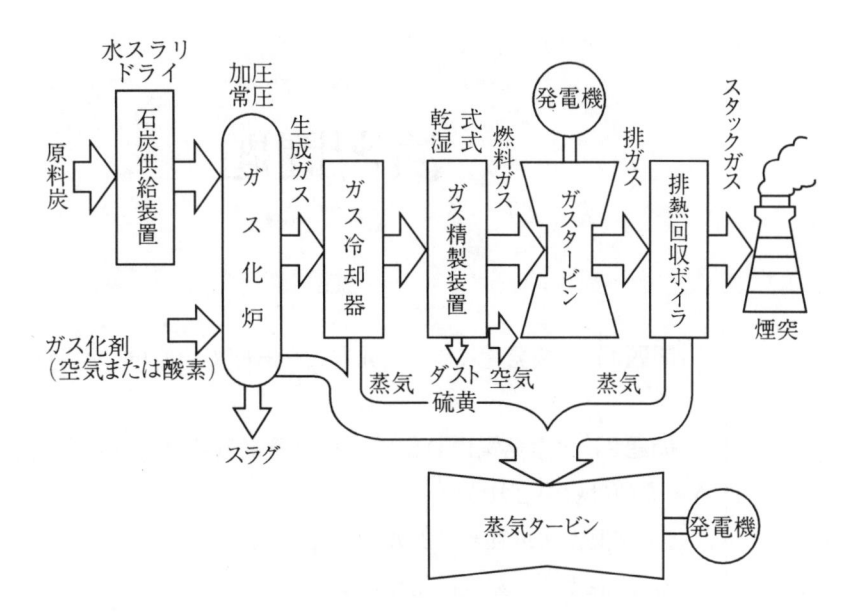

図 8・2 石炭ガス化複合発電方式概念図

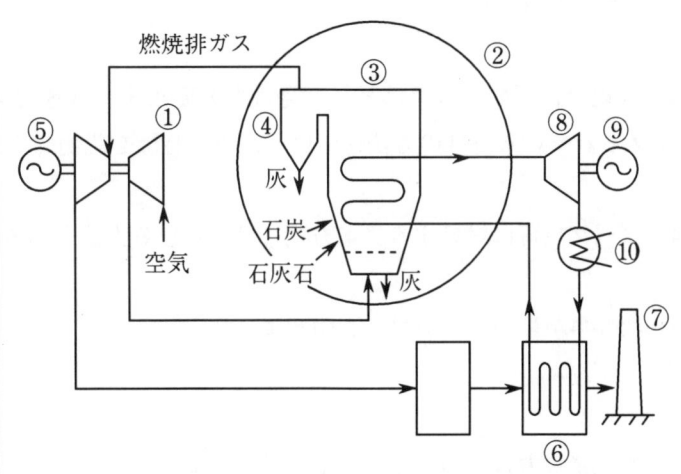

① ガスタービンコンプレッサ　⑥ ガスクーラ（節炭器）
② 圧力容器　⑦ 煙突
③ 流動床ボイラ　⑧ 蒸気タービン
④ サイクロン　⑨ 発電機
⑤ ガスタービン発電機　⑩ 復水器

図 8・3　PFBC原理図

演習問題

〔問題1〕直接発電について4方式をあげて，簡単に説明せよ．

〔問題2〕火力発電において，高い発電熱効率をうる方法として実現の可能性の大きいものは次のどれか．
(1) 高温ガス単独サイクル
(2) 高温ガス・蒸気併用サイクル
(3) MHD発電・低圧蒸気併用サイクル
(4) 水銀・蒸気併用サイクル

〔問題3〕最近の需要のすう勢はピーク発電力を要求する機運にあるが，その供給源として考えられている各種の方法について，その特徴を説明せよ．

〔問題4〕ピーク負荷に対処する発電方式にはいかなる方法があるか．

〔問題5〕次の事項について簡単に説明せよ．
太陽電池

〔問題6〕次の発電方式について，簡単に説明せよ．
(1) 石炭ガス化発電
(2) 燃料電池
(3) 冷熱発電

〔問題7〕火力発電所において低負荷運転時にボイラの主蒸気□□□を下げて運転する方法を□□□運転といい，蒸気タービンの□□□弁における絞り損失と□□□の消費動力が減少するため，発電所の□□□が向上する．
　　　　　　　　　　（答　圧力，変圧，蒸気加減，給水ポンプ，熱効率）

〔問題8〕コジェネレーションシステムの構成例を一つあげ，その概要と特徴について説明するとともに，電力系統に並列する場合の留意点について述べよ．

〔問題9〕わが国の火力発電所の役割は，ベース供給主体の運用からミドル供給ないしはピーク供給電源としての役割も要請されるようになってきているが，そのために，火力発電所に要求される性能について述べよ．

演習問題

〔問題10〕りん酸形燃料電池について，その概要を述べよ．

〔問題11〕分散形電源として新エネルギー（新発電技術）の開発が進められているが，その必要性と系統連系上の問題点を述べよ．

〔問題12〕将来の発電方式として注目されている「石炭ガス化複合発電」について，知るところを述べよ．

〔問題13〕中間負荷用火力発電所の具備すべき条件をあげ，かつ，ベース負荷用として設計された既設超臨界圧火力発電所を中間負荷用とする場合の問題点と対応策について述べよ．

〔問題14〕燃料電池発電は，天然ガス，メタノールなどを改質して得られる□□と大気中の□□との□□反応により直接発電する方式である．燃料電池は，使用する□□の種類で分類されているが，現在実用化段階にあるのが□□形燃料電池であり，そのほかに溶融炭酸塩形燃料電池，固体電解質形燃料電池などがある．

（答　水素，酸素，電気化学，電解質，りん酸）

〔問題15〕汽力発電における変圧運転の概要と，変圧運転時の熱効率特性を定圧運転時と比較して述べよ．

〔問題16〕近年，エネルギーの有効利用の観点から，□(1)□，太陽電池，風力発電等の新エネルギー発電がクリーンなローカルエネルギーとしてその導入が期待されている．

これらの発電設備は，ビルや工場及び一般住宅などに分散設置されることから比較的□(2)□のものが多く，□(3)□の向上や安定した電力を得るためには，商用電力系統との連系運用が必要となる場合が多い．しかしながら，連系するに当たっては，商用電力系統側及び他の需要家に影響を及ぼさないように協調をとる必要がある．

このため，これら発電機を系統に連系するためには，
(a) 供給信頼度，電力品質の面で連系する系統に悪影響を及ぼさないこと．
(b) 公衆及び作業者の□(4)□と，電力供給設備あるいは他の電気の需要家の□(5)□に悪影響が生じないこと．

を基本的考え方とした連系に必要な条件を「系統連系技術要件ガイドライン」で定めている．

〔解答群〕
(イ) 大規模　　　　(ロ) 予備率　　　　(ハ) 燃料電池　　　(ニ) 過渡安定度
(ホ) 酸化銀電池　　(ヘ) 設備利用率　　(ト) 安全確保　　　(チ) 設備建設
(リ) 安全率　　　　(ヌ) 定態安定度　　(ル) 設備監視　　　(ヲ) 経済規模
(ワ) マンガン電池　(カ) 設備保全　　　(ヨ) 小規模

（答　(1)-(ハ)，(2)-(ヨ)，(3)-(ヘ)，(4)-(ト)，(5)-(カ)）

〔問題17〕今後の電源開発を進めるうえで，石油代替エネルギー導入，地球温暖化・大気汚染等の環境問題，供給安定性，経済性等総合的に考慮して適切なエネルギーミックスを図る必要がある．

これらの観点から次の三つの電源について，その特徴を述べよ．
(1) LNG火力発電
(2) 原子力発電
(3) 新エネルギー（太陽光，風力）発電

〔問題18〕燃料電池発電は，一般的に [(1)]，メタノール等を改質して得られる水素と空気中の酸素との電気化学反応により直接発電する方式である．燃料電池の発生電力は直流であるので，電力系統につなぐ場合には [(2)] を用いる必要がある．

燃料電池は使用する電解質の種類で分類されているが，現在実用化されているのが，[(3)] 形燃料電池であり，その反応温度は [(4)] ℃前後，発電効率は [(5)] %程度である．

〔解答群〕
(イ) 溶融炭酸塩　　(ロ) 40　　　　(ハ) 整流装置　　(ニ) 200
(ホ) 高炉ガス　　　(ヘ) 500　　　 (ト) チョッパ　　(チ) 固体電解質
(リ) 20　　　　　　(ヌ) 天然ガス　(ル) 重油　　　　(ヲ) りん酸
(ワ) 1000　　　　　(カ) 70　　　　(ヨ) インバータ

（答 (1)−(ヌ)，(2)−(ヨ)，(3)−(ヲ)，(4)−(ニ)，(5)−(ロ)）

索引

英字

MHD発電	18
MHD発電方式	19

ア行

アモルファス	11
インバータ	11
オープンサイクル	19

カ行

ガスタービン	28
ガス化炉	33
加圧流動床燃焼	34
回転窯	4
海水淡水化用熱源	26
海洋温度差発電	18
クローズドサイクル	19
系統連系保護装置	12
結合サイクル	19
コークス製造工場	24
コークス炉ガス	4
コジェネレーションシステム	21
コンビナート	24
固体電解質形燃料電池	16
固定床炉	34
光子	10
光電効果	10
高温岩体発電システム	6

サ行

作業用蒸気	25
作業流体	6
磁気流体発電	18
蒸気井	7
蒸気貯蔵器	1
スピニングリザーブプラント	28
生産用熱源	25

石炭ガス化	33
石炭ガス化複合発電	34
節約率	1

タ行

太陽光発電	10
太陽光発電システム	11
太陽電池	10, 11
単結晶太陽電池	11
地域開発	8
地域冷暖房用熱源	26
地熱エネルギー	5
地熱貯留層	5
地熱発電	5
地熱発電所	6
蓄電池	12
中間負荷用火力発電所	30
抽気タービン	2
潮汐発電	17
潮流発電	17
低温低圧プラント	28
天然蒸気	6
電解質	14
電力コンビナート	24
導電性ガス	18

ナ行

熱サイクル	7
熱供給発電	1
熱併給発電システム	21
燃料改質装置	14
燃料電池	13
燃料電池発電システム	14

ハ行

パイプライン・コンビナート	24
波力発電	18

索引

背圧タービン 1
ピーク発電力 27
ピーク負荷発電設備 27
ピーク負荷用火力 27
ピーク負荷用発電所 28
部分負荷 31
風力設備 16
風力発電設備 16
噴流床炉 34
変圧運転 31
変圧運転ユニット 32
プラズマ 19

マ行

マグマ 5
マグマ溜り 5
ミドルロード火力 30

ヤ行

揚水式発電所 27
溶融炭酸塩形燃料電池 16

ラ行

流動床炉 34
リン酸形燃料電池 15

d-book
特殊火力発電所

2000年11月9日　第1版第1刷発行

著　者　千葉　幸
発行者　田中久米四郎
発行所　株式会社電気書院
　　　　東京都渋谷区富ケ谷二丁目2-17
　　　　（〒151-0063）
　　　　電話03-3481-5101（代表）
　　　　FAX03-3481-5414
制　作　久美株式会社
　　　　京都市中京区新町通り錦小路上ル
　　　　（〒604-8214）
　　　　電話075-251-7121（代表）
　　　　FAX075-251-7133

印刷所　創栄印刷株式会社
Ⓒ2000MiyukiChiba　　　　　　　Printed in Japan
ISBN4-485-42951-2　　　［乱丁・落丁本はお取り替えいたします］

〈日本複写権センター非委託出版物〉

　本書の無断複写は，著作権法上での例外を除き，禁じられています．
　本書は，日本複写権センターへ複写権の委託をしておりません．
　本書を複写される場合は，すでに日本複写権センターと包括契約をされている方も，電気書院京都支社（075-221-7881）複写係へご連絡いただき，当社の許諾を得て下さい．